U0395726

奇妙世界发现之旅

可爱的动物

王爱军 / 文　　邓长发 / 图

上海科学普及出版社

图书在版编目（CIP）数据

可爱的动物 / 王爱军文；邓长发图 .
- 上海：上海科学普及出版社，2016.3
（奇妙世界发现之旅）
ISBN 978-7-5427-6600-7

Ⅰ．①可… Ⅱ．①王… Ⅲ．①兔 - 少儿读物②羊—儿
童读物 Ⅳ．① S82-49

中国版本图书馆 CIP 数据核字（2015）第 278103 号

责任编辑：李 蕾

奇妙世界发现之旅

可爱的动物

王爱军/文　邓长发/图

上海科学普及出版社出版发行
（上海中山北路832号　邮政编码200070）
http://www.pspsh.com

各地新华书店经销 北京市梨园彩印厂印刷
开本889×1194 1/12 印张3
2016年5月第1版 2016年5月第1次印刷

ISBN 978-7-5427-6600-7　　　定价：29.80元

目 录 CONTENTS

第一部分

小·兔跳跳跳

长长的耳朵、短尾巴，毛茸茸的身体真可
爱。我就是兔子。

我们灵活又机警，蹦蹦跳跳，多可爱。

我们最爱干净，常常舔身体，
就像给自己洗澡。

萝卜和白菜是我最爱吃的食物。呀，真羞人，我拉便便了，你看到了吗？

　　看，我的伙伴有的穿棕色衣服，有
的穿灰色衣服，有的穿花衣服。

白兔的红眼睛并非是它本来的颜色，我们看到的红色是血液的颜色。

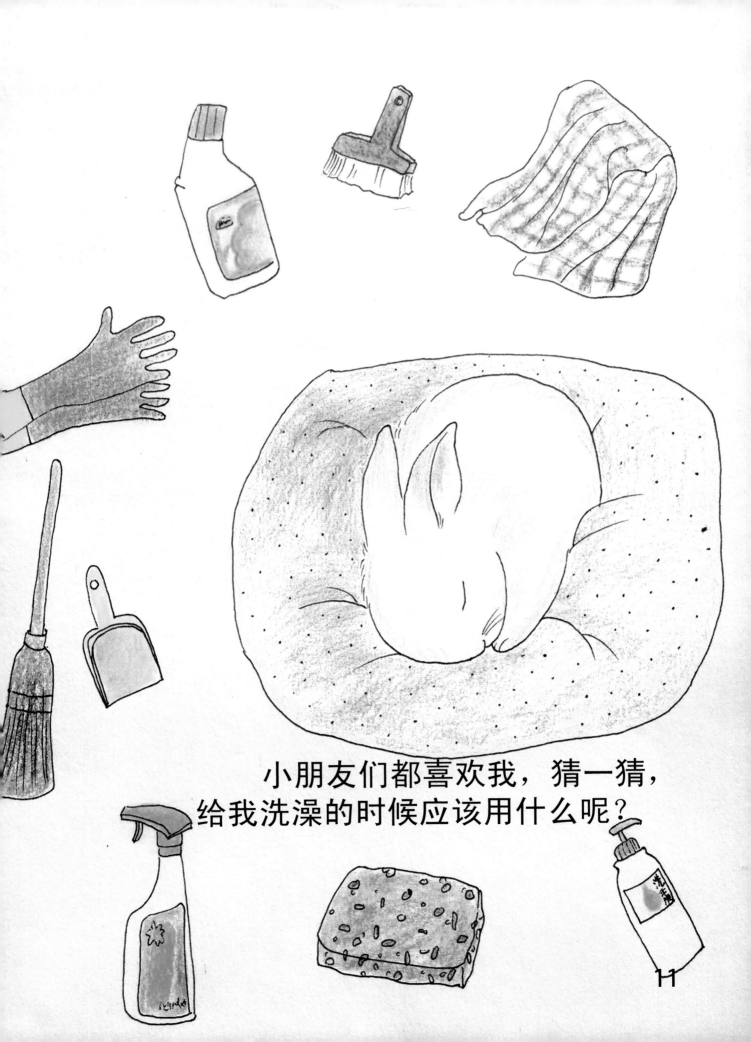

小朋友们都喜欢我，猜一猜，
给我洗澡的时候应该用什么呢？

11

小朋友，你们知道兔子在十二生肖里面排在第几位吗？

兔子性格温顺，惹
人喜爱，与兔子相关的
卡通形象特别多。

我们一起来数一数，有多少只兔子在草地上玩耍。

学一学与兔有关的成语

守株待兔：守在树桩旁，想再得到撞死的兔子。比喻坐等意外收获，自己不去努力。

狡兔三窟：机警的兔子有三个藏身之洞。比喻有多处躲避危险的藏身之地。

动如脱兔：形容动作十分敏捷。

画一画兔子

小白兔

小白兔，白又白，
两只耳朵竖起来，
爱吃萝卜爱吃菜，
蹦蹦跳跳真可爱！

17

第二部分
可爱的羊

羊儿"咩咩"叫，模样真可爱！

羊喜欢生活在一起，爱吃草，在大草原上可以看见成群的羊。

公羊长着尖尖的角。

遇到敌人，公羊会用尖尖的角对付敌人，保护自己的家人。

羊还有很强的登高和跳跃能力。

23

说到绵羊，我们都很喜欢它，因为它性情非常温顺又容易驯化，胖胖的身体是不是很可爱呀？

绵羊身上披着一身厚厚的毛。

　　过了严冬，人们会给绵羊剪毛，剪下来的羊毛可以纺线做衣服。

羊奶和牛奶一样很有营养，只是味道不同。

在造纸术发明之前，古人有时将文字记录在羊皮上。

这是藏羚羊，是一种珍稀动物。

　　青海的可可西里有一个专门保护藏羚羊的保护区。

小朋友，你们知道羊在十二生肖里面排第几位吗？

数一数图中有几只羊，用彩笔给相应数量的圆圈涂上颜色。

○○○○○○○○○○

认一认山羊和绵羊，说说它们有什么不同。

学一学与羊有关的成语

羊肠小道：用来形容道路小而弯曲。

三羊开泰： 寓意吉祥，可以带来好运。

给图中的小羊涂上颜色。

用毛线卷成小卷，贴在图中绵羊的身上吧！

身边的文明

王爱军／文　　邓长发／图

上海科学普及出版社

图书在版编目（CIP）数据

身边的文明 / 王爱军文；邓长发图.
- 上海：上海科学普及出版社，2016.3
（奇妙世界发现之旅）
ISBN 978-7-5427-6593-2

Ⅰ．①身⋯ Ⅱ．①王⋯ Ⅲ．①科学技术 - 儿童读物 Ⅳ.
① N49

中国版本图书馆 CIP 数据核字（2015）第 278265 号

责任编辑：李　蕾

奇妙世界发现之旅

身边的文明

王爱军/文　邓长发/图

上海科学普及出版社出版发行
（上海中山北路832号　邮政编码200070）
http://www.pspsh.com

各地新华书店经销　北京市梨园彩印厂印刷
开本889×1194 1/12　印张3
2016年5月第1版 2016年5月第1次印刷

ISBN 978-7-5427-6593-2　　　　定价：29.80元

目 录 CONTENTS

第一部分

信息的传递

古时候，人们靠烽火台来传递信息。

不同的地方还有驿站，这是供传递文书的人休息的地方。

信鸽也可以帮助人们传递消息。

电报可以迅速传递消息，不过传递的过程比较麻烦。

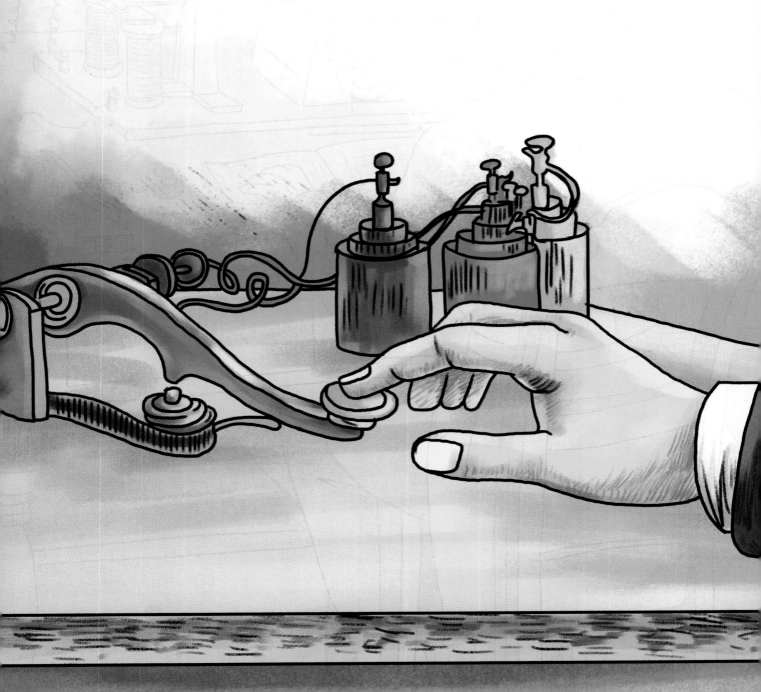

如果有一种通信工具，能使分在两地的人随时交换意见，该有多好！

8

美国人贝尔发明了电话。这样人们不见面也可以交流了。

电话依靠电流把声音传到远方。

电话发明至今，从工作原理到外形设计都有不小的变化。

现在有无线电话、智能电话、可视电话，它们让我们的生活越来越方便。

请你按照下图，画一个一模一样的电话吧！

第二部分
不一样的鞋

很久以前，人们用兽皮、草、树叶包住双脚，这就是最早的鞋。

除了皮鞋，还有草鞋、木鞋、布鞋。

后来，出现了不怕水的塑料鞋，还有雨鞋、拖鞋、沙滩鞋。

芭蕾舞演员表演时要穿专门的舞鞋。

人们溜冰要穿专门的溜冰鞋。

鞋店里有各种各样的鞋，
小朋友，你爱穿什么鞋？

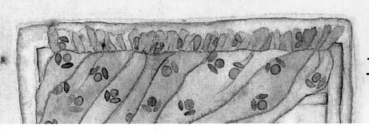

请在鞋子上画一些你喜欢的图案吧！

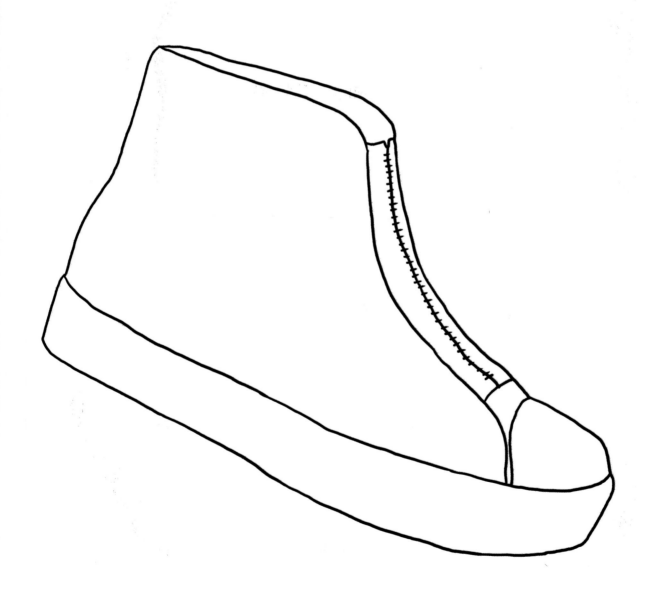

第三部分
漂亮的衣服

很久以前，人们用树叶或兽皮等围在身上当作衣服。

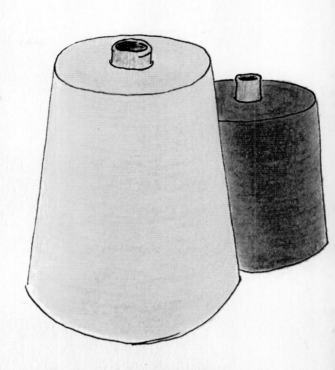

　　后来，人们学会了种植棉花、养蚕，用麻、棉、蚕丝等材料做衣服。

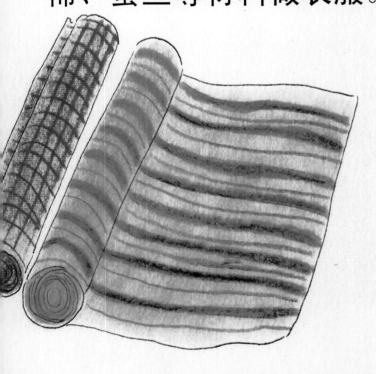

23

丝绸是用桑蚕丝织造的纺织品。丝绸是
中国的特产，古时经由"丝绸之路"运往国外。

春夏秋冬，气候冷热不同，我们穿的衣服也不一样。

25

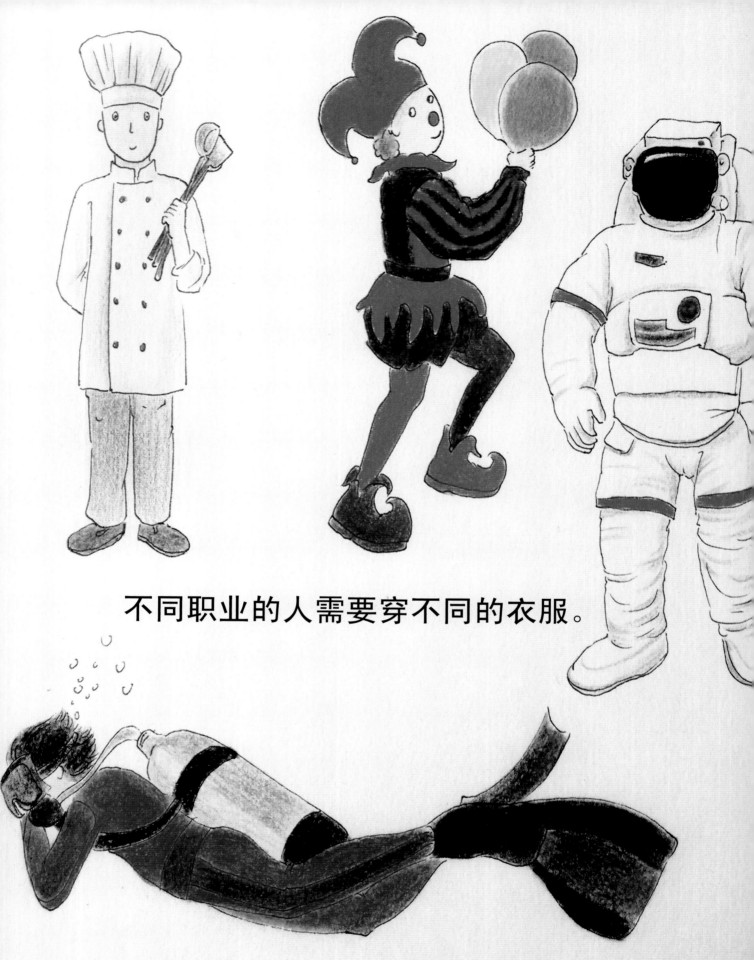

不同职业的人需要穿不同的衣服。

26

民族不同，人们穿的服装也各有自己的特点。

请你给下面的衣服涂上漂亮的颜色，再加上好看的花纹吧！

第四部分
无处不在的纸

我们每天都要用到纸，图书、报
纸、画册、卫生纸……

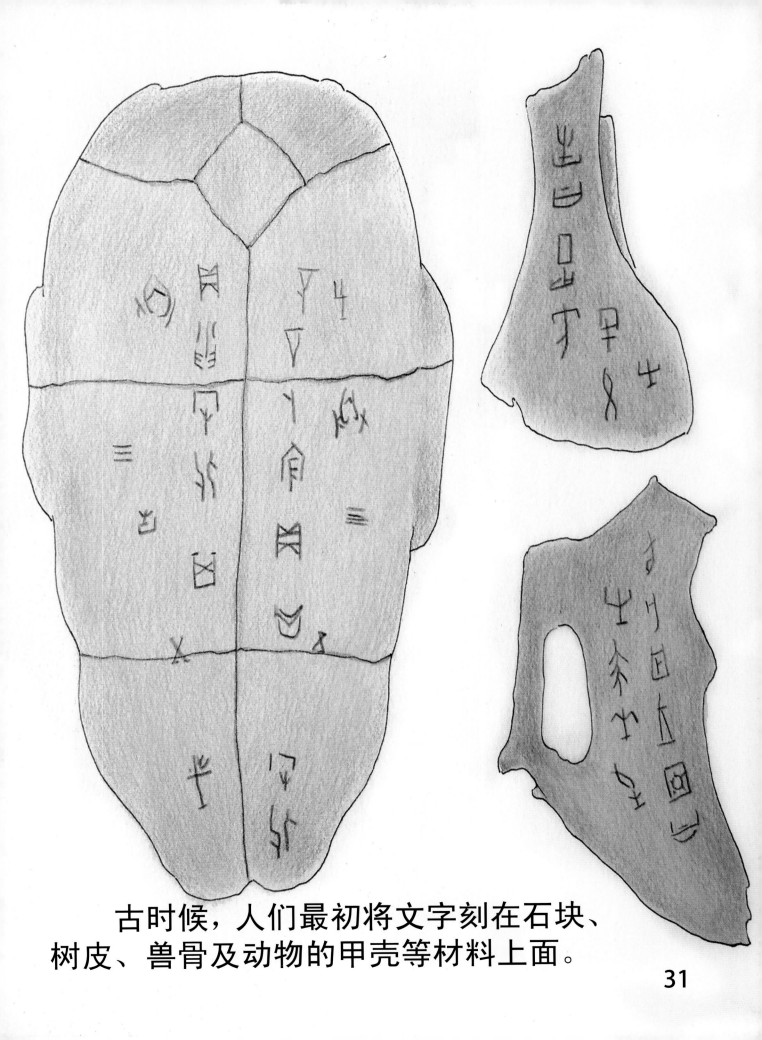

古时候，人们最初将文字刻在石块、树皮、兽骨及动物的甲壳等材料上面。

31

后来人们将文字写在用竹或木材制成的狭长条上，称为"简书"。

32

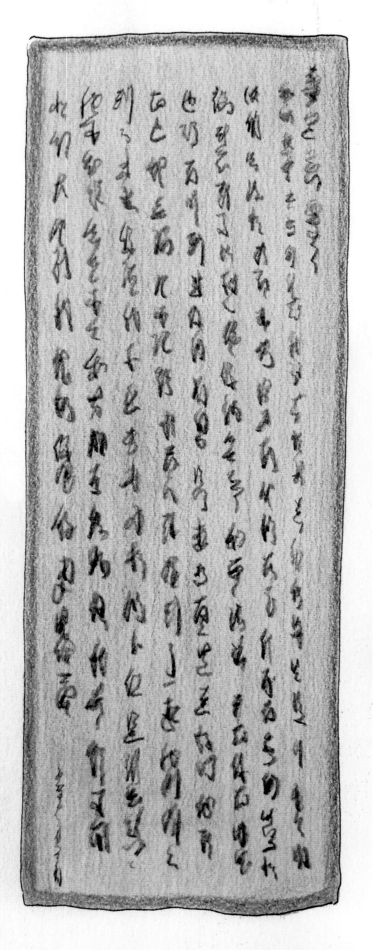

人们也把文字写在丝织物上，称为"帛书"，携带、阅读都很方便，但价格很高。

东汉的蔡伦用树皮和碎布
等不同材料制成了各种纸。

中国是世界上最早发明纸的国家。

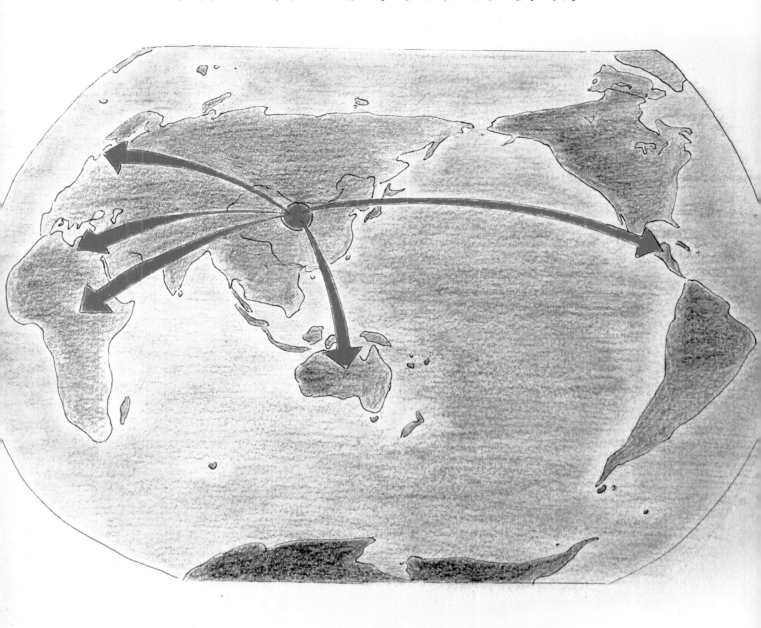

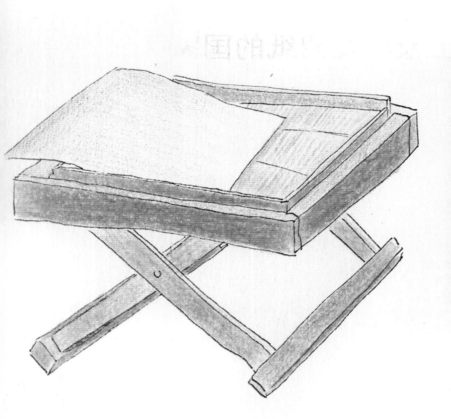

造纸术和印刷术、指南针、火药被称为中国古代的"四大发明"，这是中国人的骄傲。